Name:

Das kann ich schon! (1)

Die Aufgaben waren für mich:

○ **1**

1 5 2 3 4

☺ 😐 ☹

○ **2**

1 2 3 4 _ _ _ _ _ _

10 9 _ _ _ _ _ _ _ _

☺ 😐 ☹

○ **3**

☺ 😐 ☹

Lehrerbereich

	☺	😐	☹
1 Würfelbild mit passender Zahl verbinden			
2 Zahlenreihe vervollständigen			
3 Linien nachspuren			

Name: ______________________ Datum: ____________

Das kann ich schon! (1)

Die Aufgaben waren für mich:

○ 4 Wie viele?

☺ 😐 ☹

☐ ☐ ☐

○ 5 Was passt nicht?

☺ 😐 ☹

☐ ☐ ☐

Lehrerbereich

		☺	😐	☹
4	Anzahl der Tiere bestimmen und notieren	☐	☐	☐
5	Tier mit nicht passender Eigenschaft bestimmen	☐	☐	☐

Name:

Datum:

Das kann ich schon! (2)

Die Aufgaben waren für mich:

○ **1**

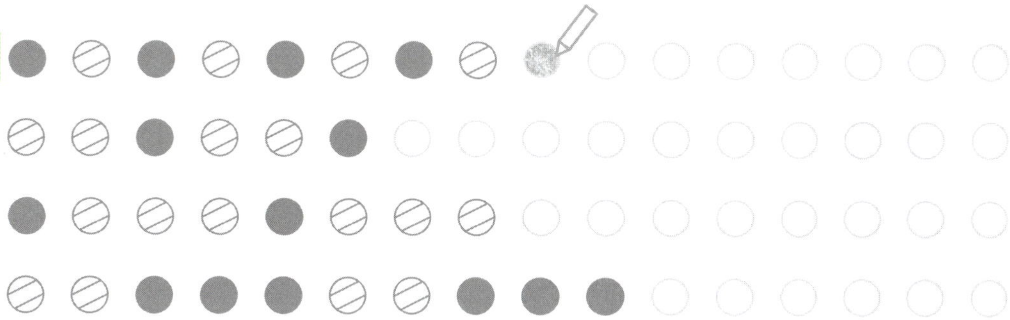

○ **2**

○ **3** Was passt nicht?

Lehrerbereich

1 Muster erkennen und fortsetzen

2 Geometrische Grundformen nachspuren

3 Wurm mit anderer Lage bestimmen

Name: ______________________ Datum: __________

Das kann ich schon! (2)

Die Aufgaben waren für mich:

4 Was passt nicht?

5 Male so aus:

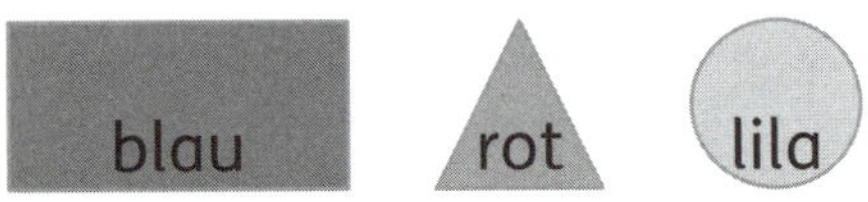

Lehrerbereich

4 Nicht passendes Muster bestimmen

5 Geometrische Grundformen finden und anmalen

1

Name: ______________________ Datum: __________

Links – rechts, oben – unten

Die Aufgaben waren für mich:

○ **1** Links oder rechts? Male lila oder rot an.

○ **2** Was ist oben? Male an.

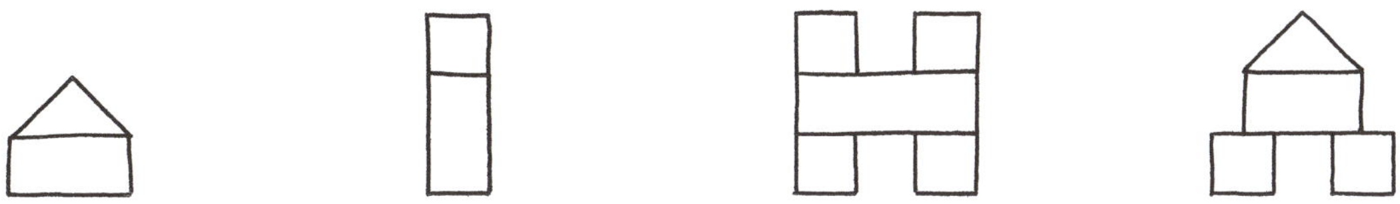

○ **3** Was ist unten? Male an.

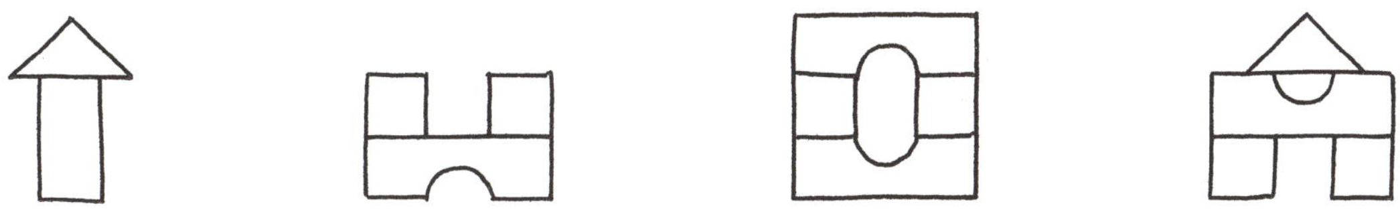

○ **4** Was ist wo? Male.

Lehrerbereich

1 Lagebeziehung links/rechts erkennen und anwenden

2 Begriff „oben“ anwenden

3 Begriff „unten“ anwenden

4 Lagebeziehungen erfassen und anwenden

1

Name:

Datum:

Links – rechts, oben – unten

Die Aufgaben waren für mich:

5 Links oder rechts? Male lila oder rot an.

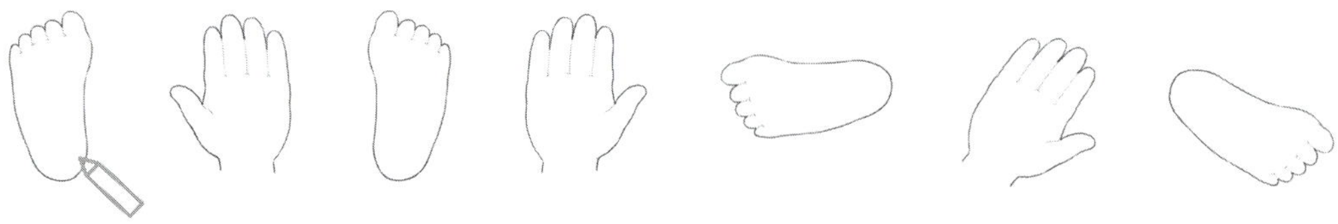

6 Links oder rechts? Kreise lila oder rot ein.

7 Was ist wo? Male.

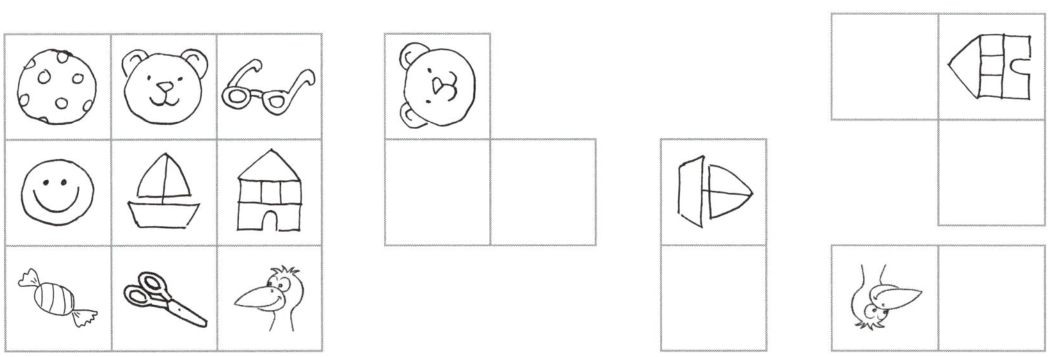

Lehrerbereich

5 Lagebeziehung links/rechts erkennen und anwenden

6 Lagebeziehung links/rechts erkennen und anwenden

7 Lagebeziehungen erfassen und nutzen

2

Name: ____________________ Datum: __________

Die Zahlen bis 6

Die Aufgaben waren für mich:

○ **1** Wo ist mehr? Kreuze an.

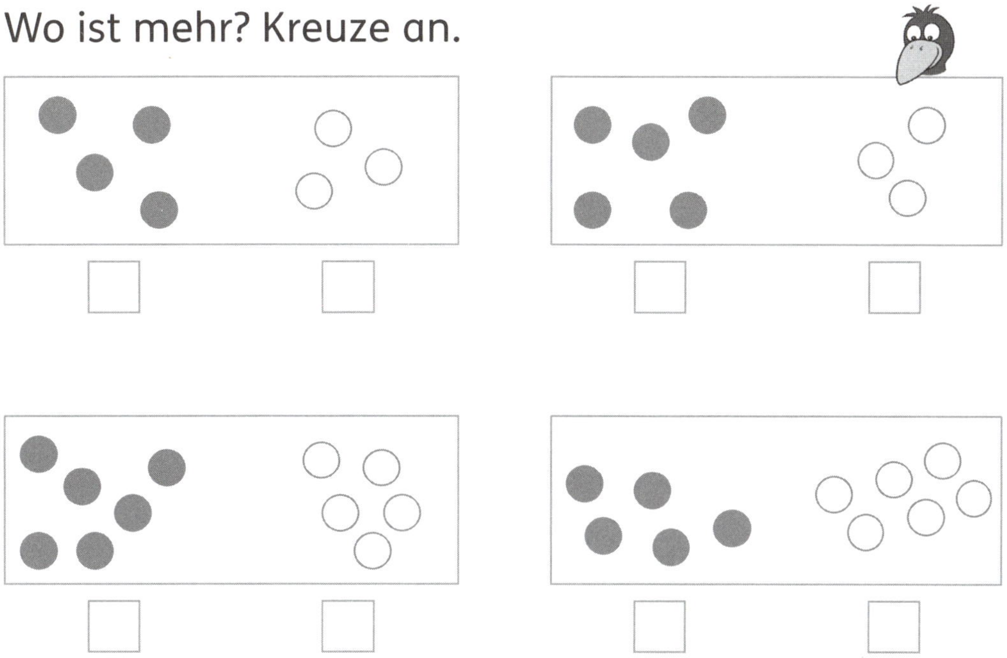

○ **2**

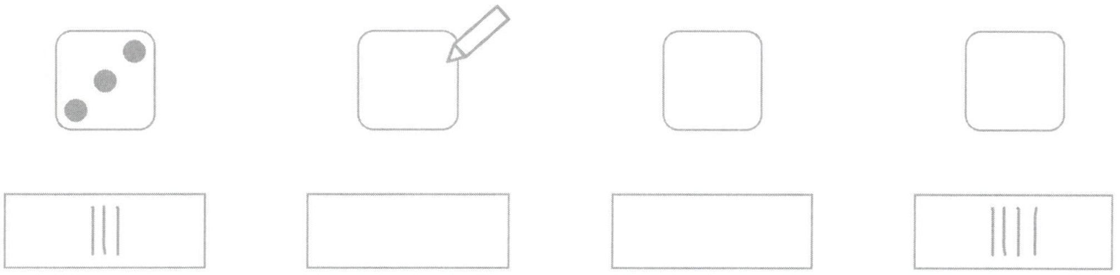

3	6	5	

○ **3**

1	2	3	1	2	3									
4	5	6	4	5	6									

Lehrerbereich

1 Mengen erfassen und vergleichen

2 Mengen bestimmen und darstellen

3 Die Ziffern 1 bis 6 schreiben

2

Name:

Datum:

Die Zahlen bis 6

Die Aufgaben waren für mich:

4

3

5

6

4

☺ 😐 ☹

5

6

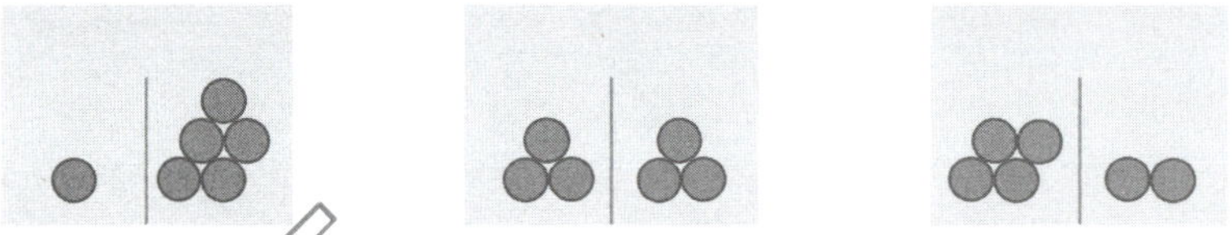

1 ___ | ___ ___ | ___ ___

6

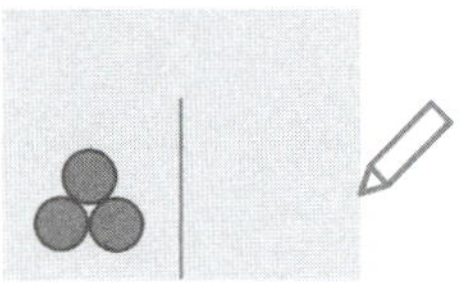

3 3 | 2 ___ | 1 ___

☺ 😐 ☹

Lehrerbereich

4 Mengen zeichnerisch darstellen

5 Mengen zerlegen

3

Name: ____________________ Datum: __________

Die Zahlen bis 10

Die Aufgaben waren für mich:

○ **1** Immer 8.

○ **2**

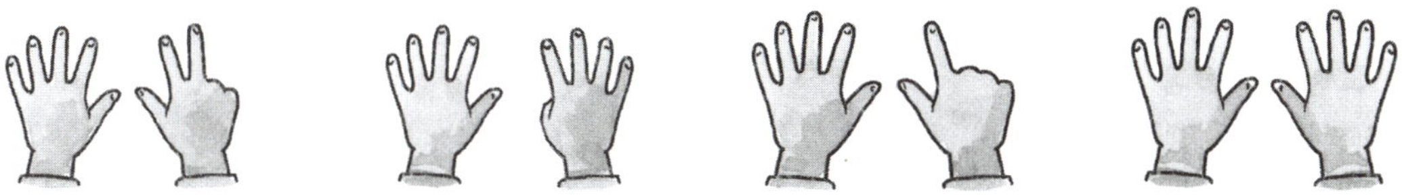

☐ ☐ ☐ ☐

○ **3**

8 7 10 9

○ **4** 7 8 9 7 8 9

Lehrerbereich

1 Mengen bündeln
2 Mengen bestimmen
3 Mengen darstellen
4 Ziffern schreiben

Name: ______________________ Datum: __________

Die Zahlen bis 10

Die Aufgaben waren für mich:

4

7

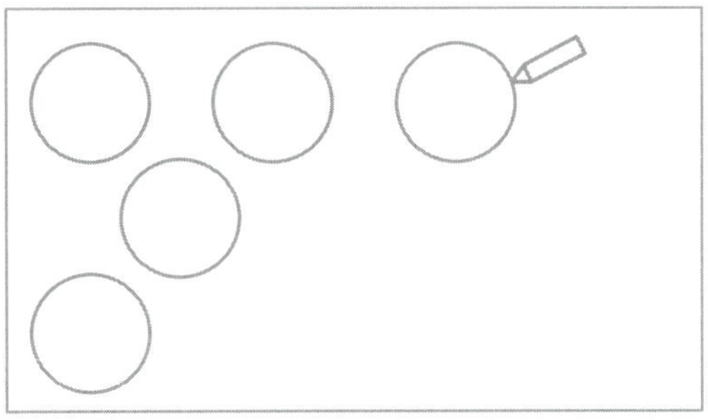

9

8

10

☺ 😐 ☹

5

8

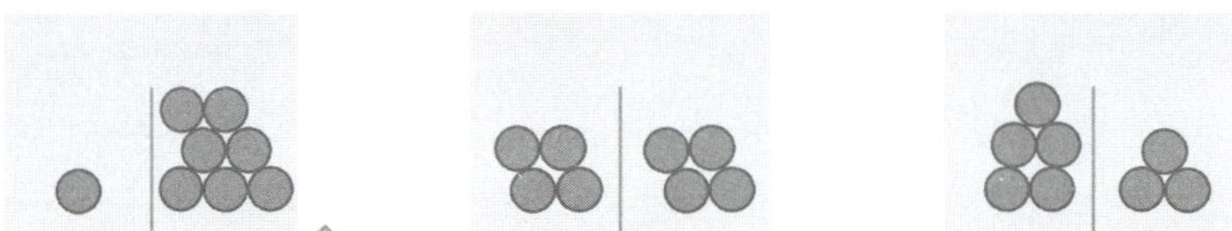

1 ___ | ___ ___ | ___ ___

7

3 4 | 2 ___ | 1 ___

☺ 😐 ☹

Lehrerbereich

4 Mengen zeichnerisch darstellen
5 Mengen zerlegen

4

Name: ______________________ Datum: __________

Nachbarzahlen bis 10

Die Aufgaben waren für mich:

○ **1**

😊 😐 ☹️

○ **2**

4	5				8	0		
	8				7	4		
	3				5	7		

😊 😐 ☹️

○ **3**

V	Z	N
3		
5		
8		

V	Z	N
	2	
	3	
	6	

V	Z	N
		2
		5
		9

😊 😐 ☹️

Lehrerbereich

1 Zahlenreihe vervollständigen
2 Nachbarzahlen bestimmen
3 Nachbarzahlen bestimmen

Name: ____________________ Datum: __________

Nachbarzahlen bis 10

Die Aufgaben waren für mich: ☺ 😐 ☹

○ **4**

10	9								

◒ **5**

5					7	6		
	5			7			6	
		5	7					6

◒ **6**

V	Z	N
		9
		5
8		

V	Z	N
	3	
7		
	6	

V	Z	N
		2
2		
	2	

◒ **7**

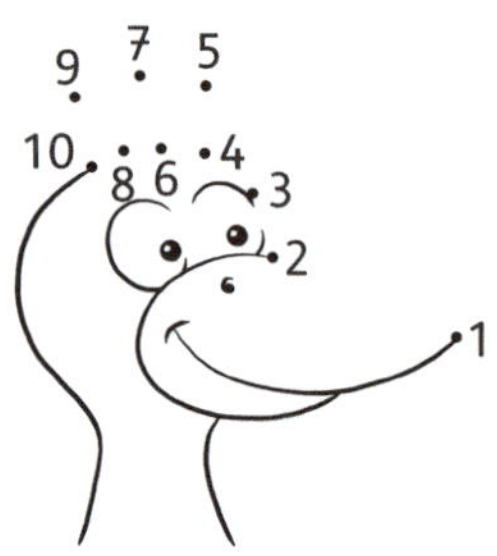

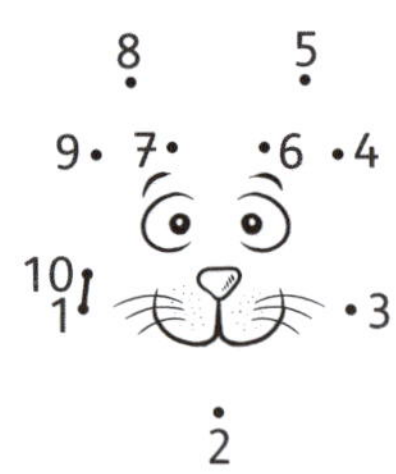

Lehrerbereich

4 Zahlenreihe vervollständigen
5 Nachbarzahlen bestimmen
6 Nachbarzahlen bestimmen
7 Zahlenreihe verbinden

Name: ____________________ Datum: __________

Anzahlen bestimmen

Die Aufgaben waren für mich:

○ 1 Zuerst 5.

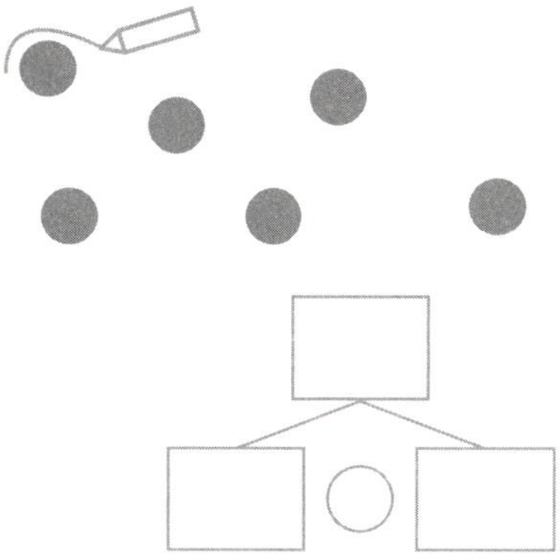

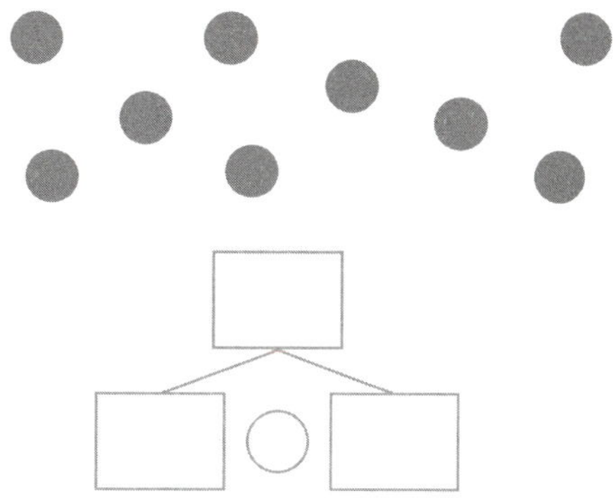

☺ 😐 ☹

○ 2 Zuerst 5.

9

7

10

☺ 😐 ☹

○ 3 Wie viele?

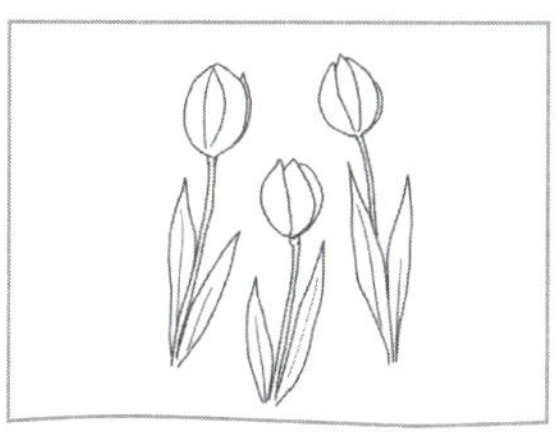

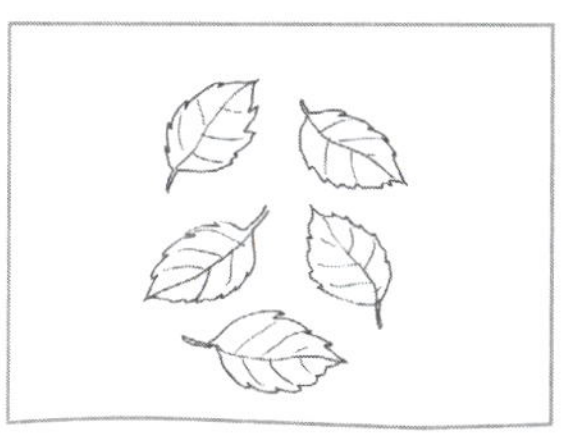

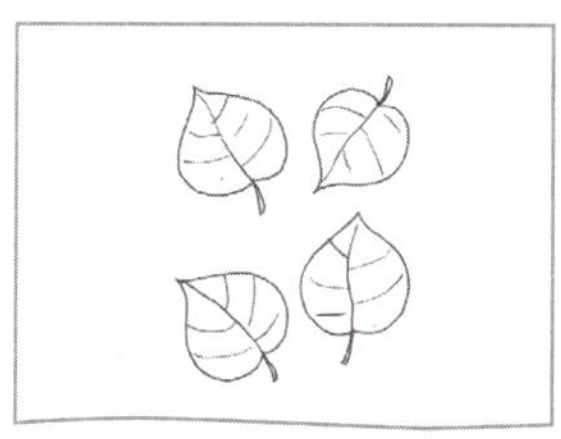

☺ 😐 ☹

Lehrerbereich

1 Fünferbündelung als Strukturierungshilfe anwenden
2 Zahlen verschieden darstellen
3 Mengen bestimmen

5

Name:

Datum:

Anzahlen bestimmen

Die Aufgaben waren für mich:

4

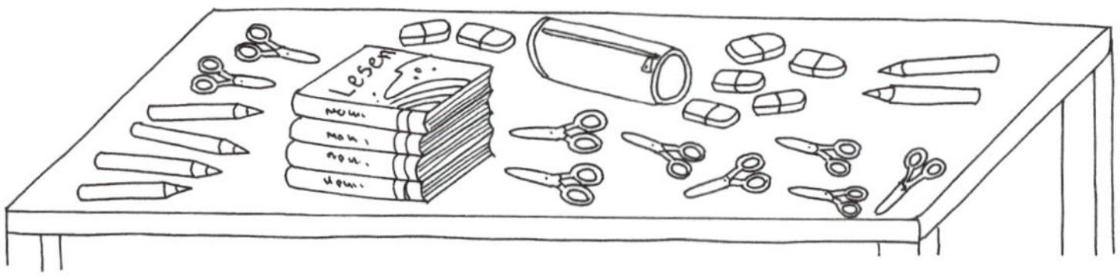

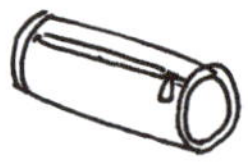				
|				
1				

5 Wie viele?

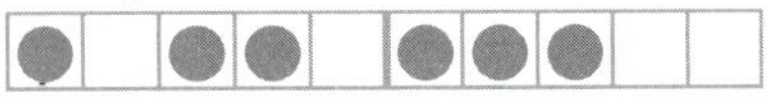

___

___

6 Immer 8.

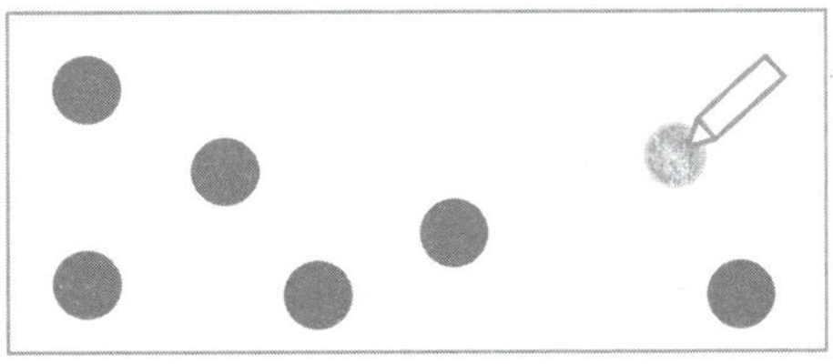

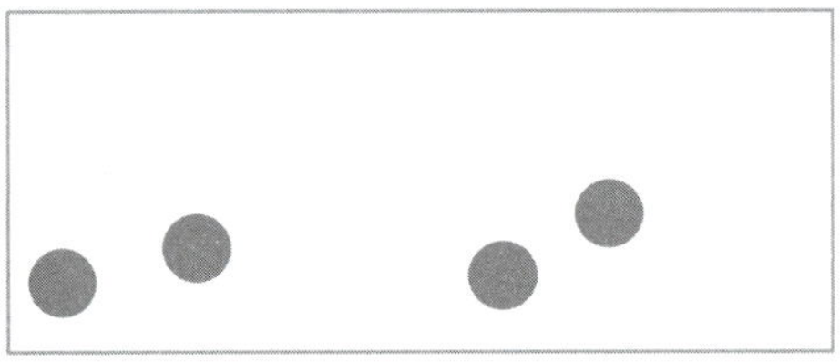

Immer 7.

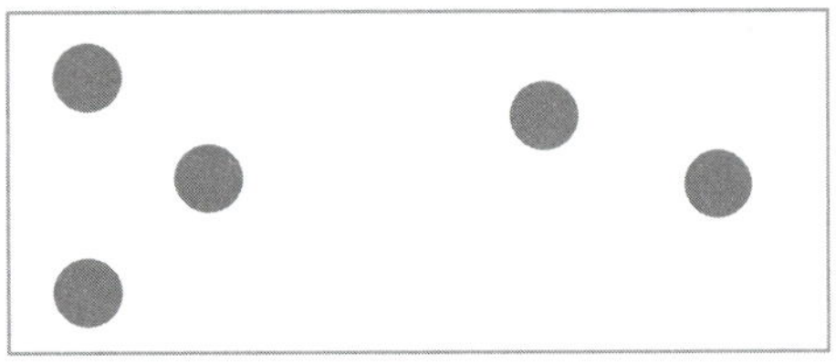

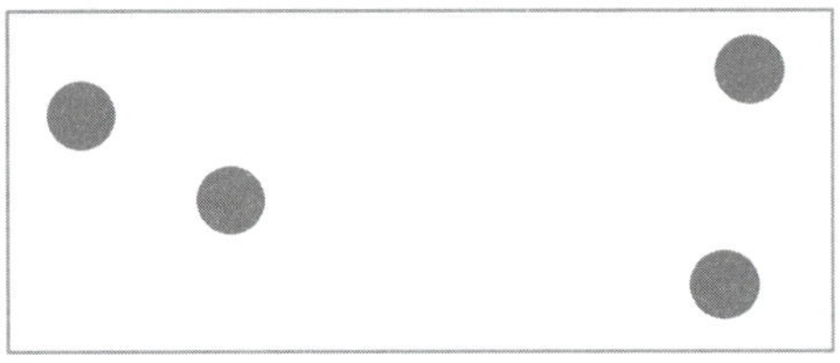

Lehrerbereich

4 Mengen bestimmen

5 Mengen bestimmen

6 Mengen ergänzen

6

Name: ______________________ Datum: ____________

Zahlen zerlegen

Die Aufgaben waren für mich:

○ **1**

9

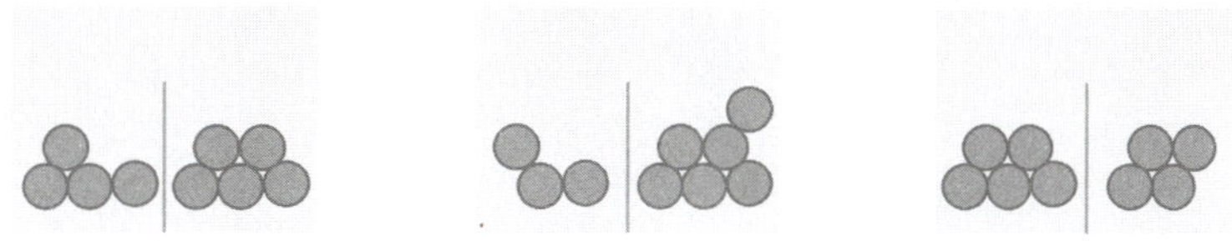

4 ⊕ ___ ___ ◯ ___ ___ ◯ ___

7

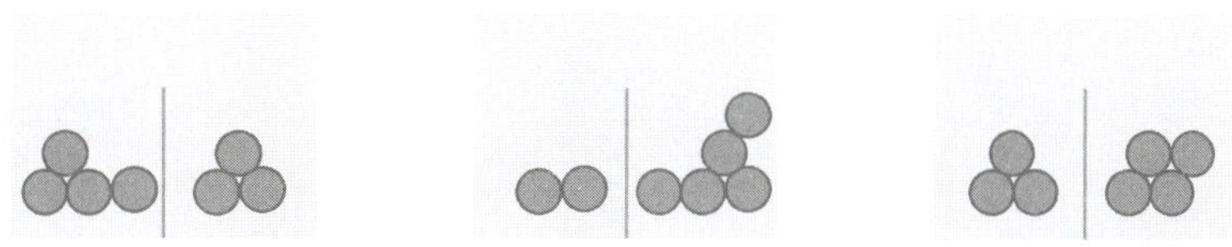

___ ⊕ ___ ___ ◯ ___ ___ ◯ ___

☺ 😐 ☹ ☐ ☐ ☐

○ **2**

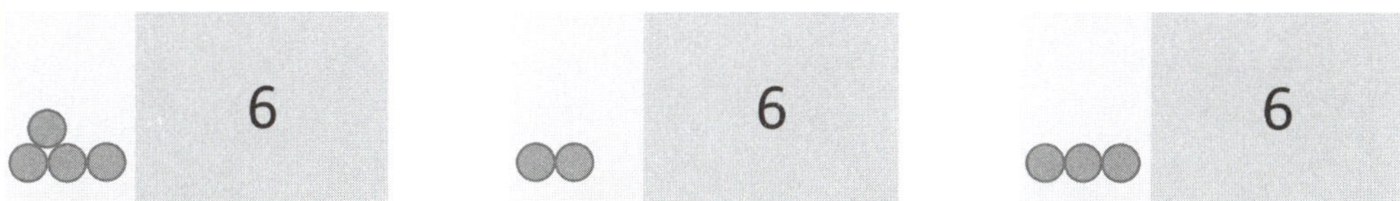

6 6 6

4 ⊕ ___ ___ ◯ ___ ___ ◯ ___

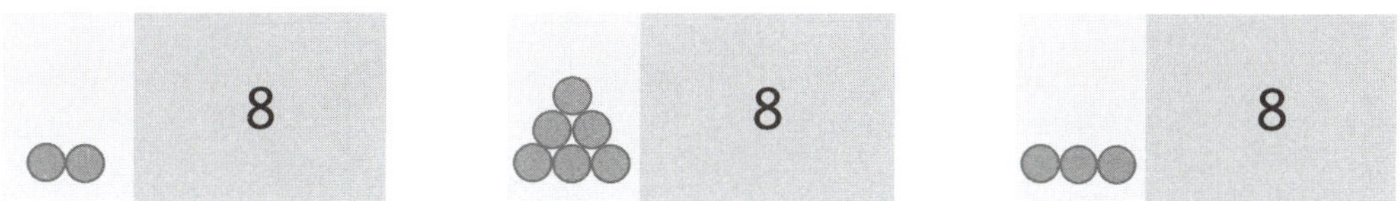

8 8 8

___ ◯ ___ ___ ◯ ___ ___ ◯ ___

☺ 😐 ☹ ☐ ☐ ☐

○ **3**

4	6		3	☐		8	☐

☐ 5 ☐ 9

☺ 😐 ☹ ☐ ☐ ☐

Lehrerbereich

	☺	😐	☹
1 Die Zahlen unterschiedlich additiv zerlegen	☐	☐	☐
2 Anzahl der verdeckten Perlen bestimmen	☐	☐	☐
3 Zerlegungen der 10 notieren	☐	☐	☐
	☐	☐	☐

Name: ______________________ Datum: __________

Zahlen zerlegen

Die Aufgaben waren für mich:

4

10
5 + ___

10
___ ○ ___

10
___ ○ ___

10
___ ○ ___

10
___ ○ ___

☺ ☹ ☹

5

6
6 + 0
___ + ___
___ + ___
___ + ___
___ + ___
___ + ___
___ + ___

7
7 + ___
___ + ___
___ + ___
___ + ___
___ + ___
___ + ___
___ + ___

5
___ + ___
___ + ___
___ + ___
___ + ___
___ + ___
___ + ___

Lehrerbereich

4 Zerlegungen der 10 notieren
5 Zahlen systematisch zerlegen

Name: ______________________ Datum: __________

Zahlen vergleichen

Die Aufgaben waren für mich:

○ **1**

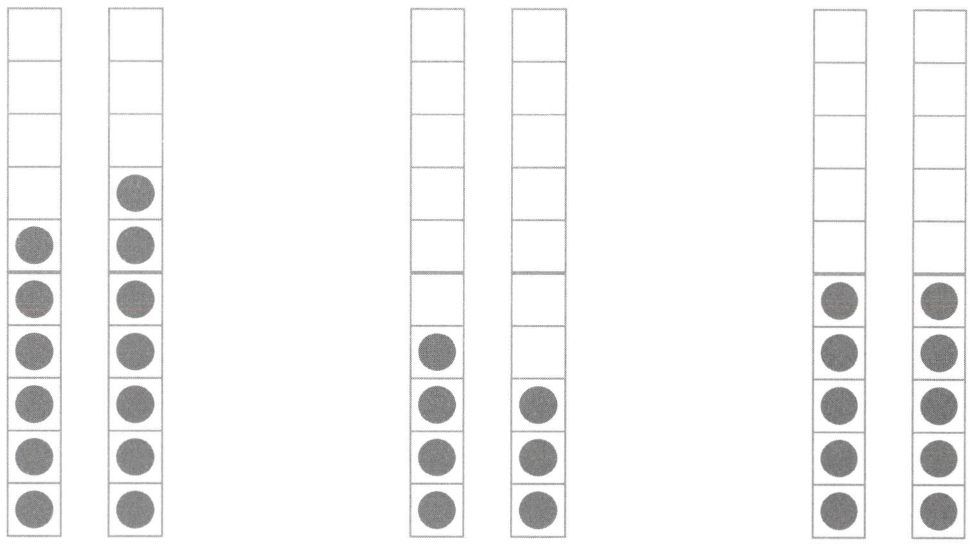

___ ○ ___ ___ ○ ___ ___ ○ ___

○ **2**

||||	○	𝍸			𝍸 ||	○	𝍸	
||||	○	|||	𝍸 |||	○	𝍸 ||||

○ **3**

3 ○ 5	7 ○ 4	9 ○ 8
5 ○ 4	1 ○ 1	4 ○ 10
1 ○ 5	6 ○ 3	5 ○ 5

Lehrerbereich

1 Anzahlen vergleichen

2 Anzahlen in Strichlisten vergleichen

3 Zahlen vergleichen

Name: ______________________ Datum: __________

Zahlen vergleichen

Die Aufgaben waren für mich:

4

4 > ___	7 > ___	5 > ___
4 > ___	7 > ___	5 > ___
4 > ___	7 > ___	5 > ___
4 < ___	7 < ___	5 < ___
___ > 7	___ > 9	___ > 8
___ > 7	___ < 9	___ > 8
___ < 7	___ < 9	___ < 8
___ = 7	___ = 9	___ = 8

5

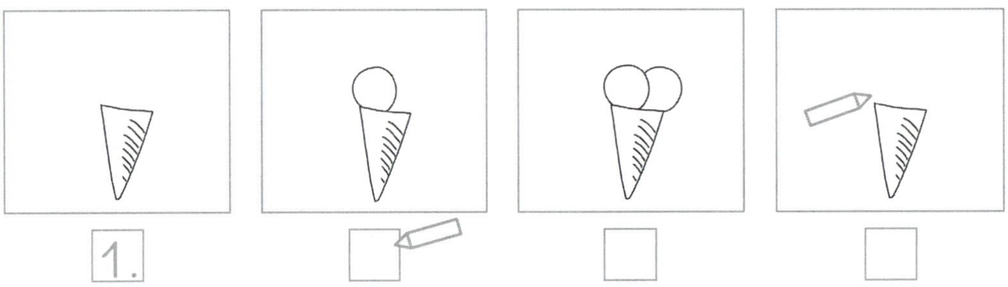

6

Lehrerbereich

4 Passende Zahlen finden

5 Ordnungszahlen notieren, Bild ergänzen

6 Ordnungszahlen notieren, Bild ergänzen

8

Name: ______ Datum: ______

Plusaufgaben üben

Die Aufgaben waren für mich: ☺ 😐 ☹

○ **1**

___ + ___ = ___

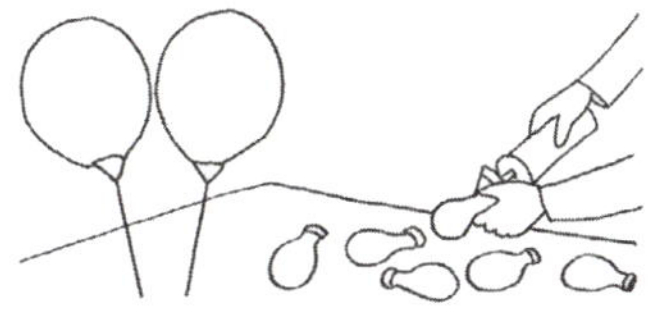

___ + ___ = ___

○ **2**

___ + ___ = ___

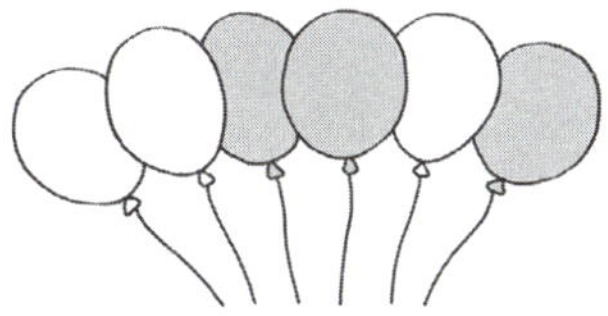

___ + ___ = ___

○ **3**

3 + 6 = ___

6 + 3 = ___

2 + 5 = ___

___ + ___ = ___

○ **4**

3 + 5 = ___	6 + 4 = ___	4 + ___ = 8
5 + 4 = ___	3 + 6 = ___	2 + ___ = 7
1 + 5 = ___	2 + 4 = ___	7 + ___ = 9

Lehrerbereich

1 Dynamische Additionsaufgaben im Bild erkennen und notieren

2 Statische Additionsaufgaben im Bild erkennen und notieren

3 Aufgaben und Tauschaufgaben zeichnen und lösen

4 Additions- und Ergänzungsaufgaben lösen

8

Name: ______ Datum: ______

Plusaufgaben üben

Die Aufgaben waren für mich: ☺ 😐 ☹

5

0 + 10 = ___
2 + 8 = ___
4 + 6 = ___
6 + 4 = ___
___ + ___ = ___
___ + ___ = ___

2 + ___ = 10
5 + ___ = 9
2 + ___ = 8
5 + ___ = 7
___ + ___ = ___
___ + ___ = ___

6

___ + 2 = 8	___ + 3 = 5	___ + 8 = 9
___ + 7 = 9	___ + 6 = 8	___ + 5 = 8
___ + 5 = 7	___ + 4 = 9	___ + 4 = 9
___ + 1 = 6	___ + 0 = 3	___ + 3 = 6

7

5 + 1 + 2 = ___	3 + 2 + 5 = ___
2 + 4 + 4 = ___	3 + 5 + 1 = ___
3 + 3 + 2 = ___	4 + 1 + 2 = ___

8

5 + 2 + ___ = 10	1 + ___ + 5 = 10
6 + 2 + ___ = 10	3 + ___ + 4 = 10
4 + 2 + ___ = 10	7 + ___ + 2 = 10

Lehrerbereich

		☺	😐	☹
5	Aufgabenrolle bearbeiten: Muster entdecken und fortführen	☐	☐	☐
6	Ergänzungsaufgaben lösen	☐	☐	☐
7	Additionsaufgaben mit 3 Summanden lösen	☐	☐	☐
8	Ergänzungsaufgaben mit 3 Summanden lösen	☐	☐	☐

9

Name: ______________________ Datum: __________

Formen und Muster

Die Aufgaben waren für mich:

○ **1** Zeichne ein Viereck, 3 Kreise und 2 Dreiecke.

○ **2** Färbe und zähle die Formen.

○ **3** Setze fort.

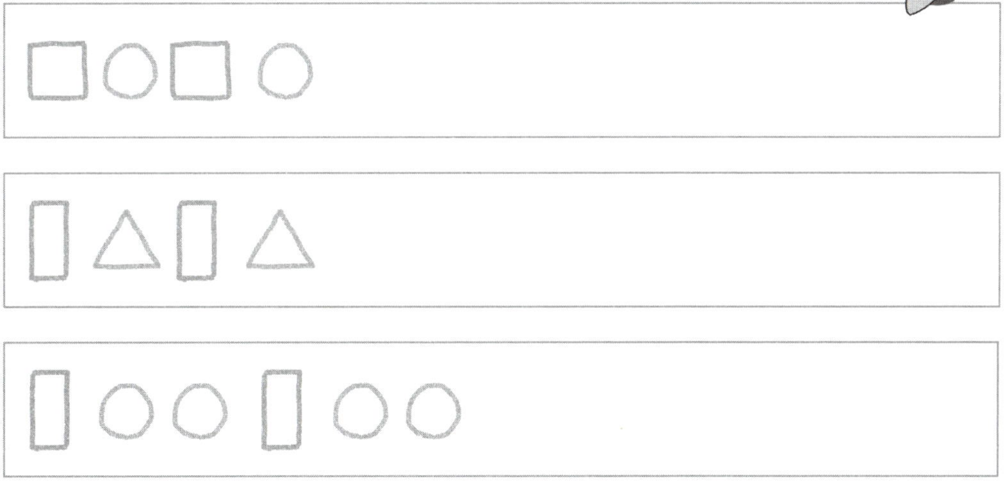

Lehrerbereich

1 Grundformen nach Vorgabe zeichnen

2 Formen färben, Anzahl der Formen bestimmen

3 Muster erkennen und freihändig fortsetzen

9

Name: ______________________ Datum: ______________

Formen und Muster

Die Aufgaben waren für mich:

4 Zeichne ab.

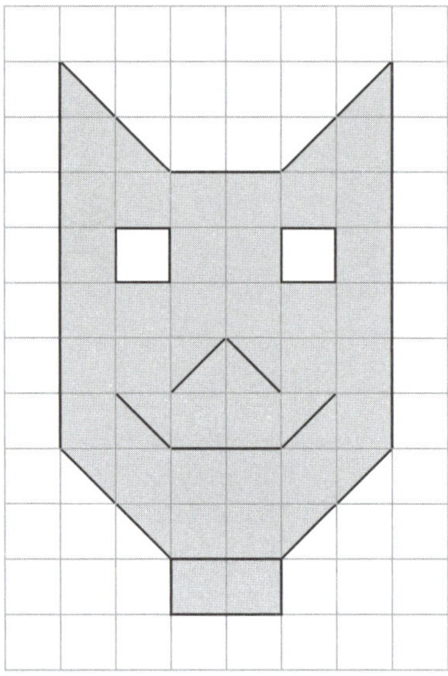

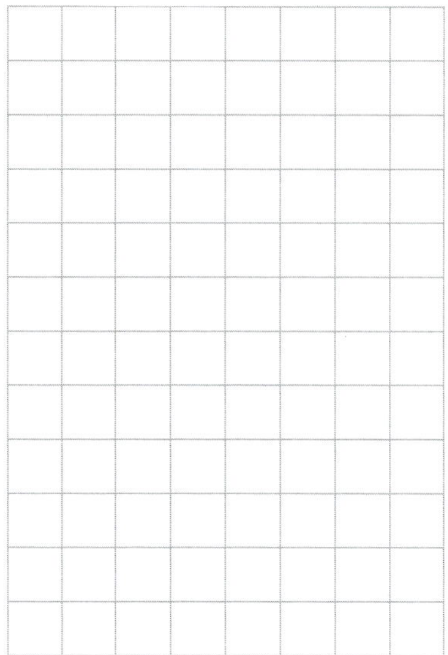

5 Finde 4 Fehler. Kreise die Fehler ein.

Lehrerbereich

4 Figur auf Karoraster übertragen

5 Fehler in Mustern erkennen

Name: ______________________ Datum: __________

Minusaufgaben finden und üben

Die Aufgaben waren für mich: ☺ 😐 ☹

○ **1**

___ – ___ = ___

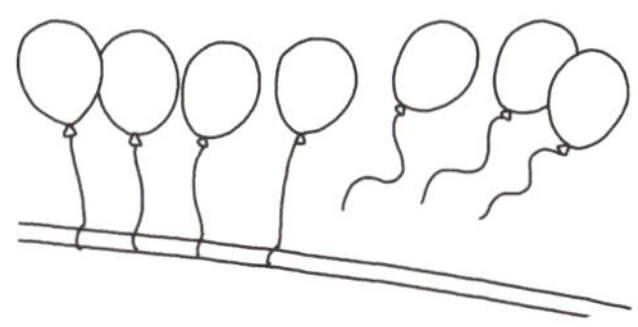

___ – ___ = ___

○ **2**

___ – ___ = ___

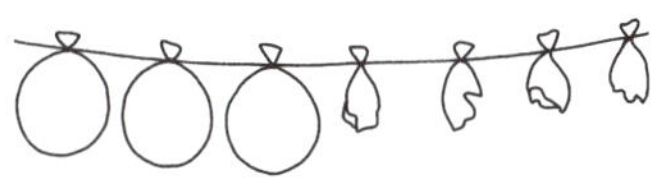

___ – ___ = ___

○ **3**

8 – 4 = ___

6 – 5 = ___

5 – 4 = ___

9 – 2 = ___

○ **4**

5 – 2 = ___	8 – 8 = ___	6 – 2 = ___
6 – 4 = ___	9 – 6 = ___	7 – 5 = ___
8 – 5 = ___	3 – 0 = ___	9 – 4 = ___
4 – 3 = ___	10 – 9 = ___	8 – 3 = ___

Lehrerbereich

1 Dynamische Subtraktionsaufgaben im Bild erkennen und notieren
2 Statische Subtraktionsaufgaben im Bild erkennen und notieren
3 Subtraktionsaufgaben zeichnen und lösen
4 Subtraktionsaufgaben lösen

Name: ______________________ Datum: __________

Minusaufgaben finden und üben

Die Aufgaben waren für mich:

◒ 5

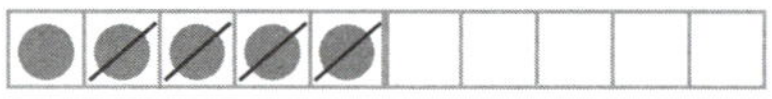

__ − __ = __

3 − 2 = __

☺ 😐 ☹

◒ 6

__ − __ = __

☺ 😐 ☹

● 7 Finde verschiedene Aufgaben.

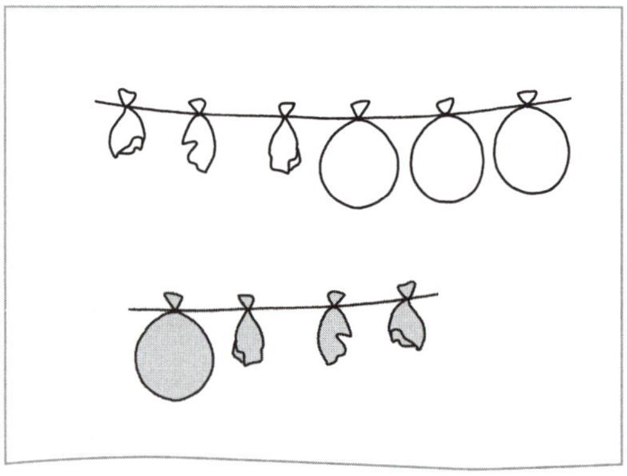

__ − __ = __

__ − __ = __

__ − __ = __

☺ 😐 ☹

Lehrerbereich

5 Geschichte zu vorgegebener Subtraktionsaufgabe malen und lösen

6 Subtraktionsaufgabe erfinden, malen und lösen

7 Verschiedene Subtraktionsaufgaben zu einem Bild finden und lösen

Name: ______________________ Datum: __________

Plus- und Minusaufgaben üben

Die Aufgaben waren für mich: ☺ 😐 ☹

○ **1**

0 + 2 = ___
1 + 3 = ___
2 + 4 = ___
3 + 5 = ___

9 − 3 = ___
8 − 4 = ___
7 − 5 = ___
6 − 6 = ___

○ **2**

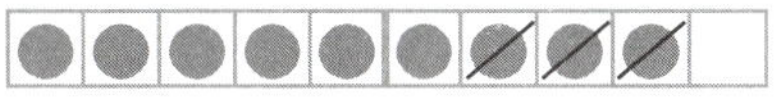

9 − 3 = ___
___ + ___ = ___

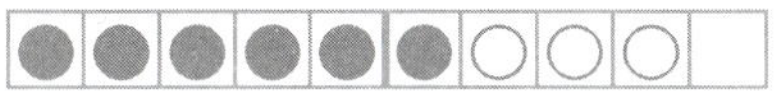

6 − 3 = ___
___ + ___ = ___

○ **3**

5	2

3	5

2	7

1	4

7	3

4	3

○ **4**

5	
1	

5	
	3

5	
5	

Lehrerbereich

1 Aufgabenrollen bearbeiten
2 Umkehraufgaben bilden und lösen
3 Zahlenmauern durch Addieren lösen
4 Zahlenmauern durch Ergänzen lösen

Name: ____________ Datum: ____________

Plus- und Minusaufgaben üben

Die Aufgaben waren für mich:

5 Finde verschiedene Mauern.

7 6 1

10 8 2

6 Nutze die Umkehraufgabe.

___ − 5 = 3	___ − 1 = 4	___ − 8 = 0
___ − 4 = 5	___ − 4 = 2	___ − 6 = 2
___ − 5 = 1	___ − 3 = 7	___ − 9 = 1
___ − 2 = 6	___ − 4 = 1	___ − 2 = 5
___ − 0 = 3	___ − 2 = 6	___ − 1 = 6

7

6 − 6 = ___
5 + 5 = ___
4 − 4 = ___
3 + ___ = ___
______
______

6 − ___ = 1
7 − ___ = 2
6 − ___ = 3
7 − ___ = 4
6 − ___ = ___
______

Lehrerbereich

5 Jeweils beide Zahlenmauern finden
6 Subtraktionsaufgaben mit der Umkehraufgabe lösen
7 Aufgabenrollen bearbeiten: Muster entdecken und fortführen

Name: ______________________ Datum: __________

Die Zahlen bis 20

Die Aufgaben waren für mich:

○ **1** Wie viele? Kreise jeweils den Zehner ein.

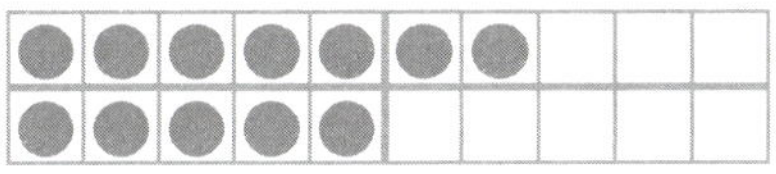

____

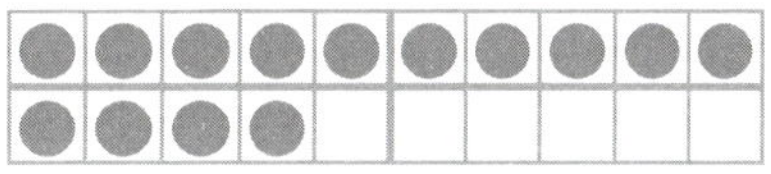

____

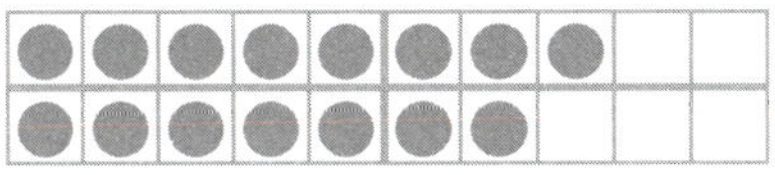

____

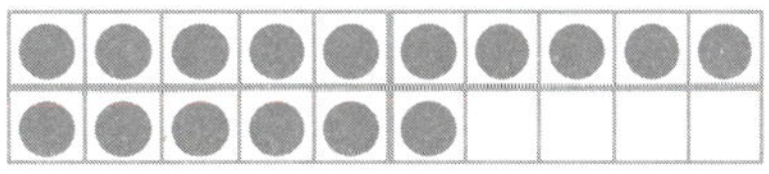

____

○ **2** Zerlege in Zehner und Einer.

15

Z	E

16

Z	E

19

Z	E

○ **3** Zuerst 10.

17 = 10 + ____ 19 = ____ + 9 ____ = 10 + 4

12 = 10 + ____ 13 = ____ + 3 ____ = 10 + 8

Lehrerbereich

1 Zehner einkreisen, Anzahlen bestimmen
2 Zahlzerlegung in Feld und Stellenwerttafel darstellen
3 Zahlzerlegung vervollständigen

Name: ______________________________ Datum: __________

Die Zahlen bis 20

Die Aufgaben waren für mich:

◒ **4** Was passt? Verbinde.

12	20	19	17

neunzehn	siebzehn	zwanzig	zwölf

10 + 7	10 + 2	10 + 10	10 + 9

☺ ☐ 😐 ☐ ☹ ☐

● **5** Welche Zahl ist es?

Meine Zahl hat
4 Einer und
1 Zehner.

Die Zahl heißt ____ .

Bei meiner Zahl
fehlen noch 2 Einer
bis zur 20.

Die Zahl heißt ____ .

Meine Zahl hat 1 Zehner
und doppelt so viele Einer
wie Zehner.

Die Zahl heißt ____ .

☺ ☐ 😐 ☐ ☹ ☐

Lehrerbereich

4 Zahldarstellungen zuordnen ☐ ☐ ☐

5 Zahlenrätsel lösen ☐ ☐ ☐

13

Name: ______________________ Datum: __________

Zahlen ordnen und vergleichen

Die Aufgaben waren für mich: ☺ 😐 ☹

○ 1

V	Z	N
	5	
	15	
	12	

V	Z	N
	9	
	19	
	11	

V	Z	N
	14	
	7	
	10	

○ 2 ●

V	Z	N
11		
15		
9		

V	Z	N
		18
		20
		9

V	Z	N
17		
	15	
		13

○ 3 Ordne der Größe nach. Beginne mit der kleinsten Zahl.

12 10 11 13

19 17 18 20

● 10, ______________ ______________

○ 4

8 ◯ 18 7 ◯ 16 14 ◯ 14

17 ◯ 12 11 ◯ 9 10 ◯ 20

Lehrerbereich

1 Vorgänger und Nachfolger bestimmen

2 Vorgänger und Nachfolger bestimmen

3 Zahlen aufsteigend der Größe nach ordnen

4 Zahlen vergleichen

Name: ______________________ Datum: __________

Zahlen ordnen und vergleichen

Die Aufgaben waren für mich:

5 Ordne der Größe nach. Beginne mit der kleinsten Zahl.

17 10 18 13

10, ______________________

14 17 11 20

____

12 8 11 19

____

12 20 16 4

____

☺ 😐 ☹

6

4.

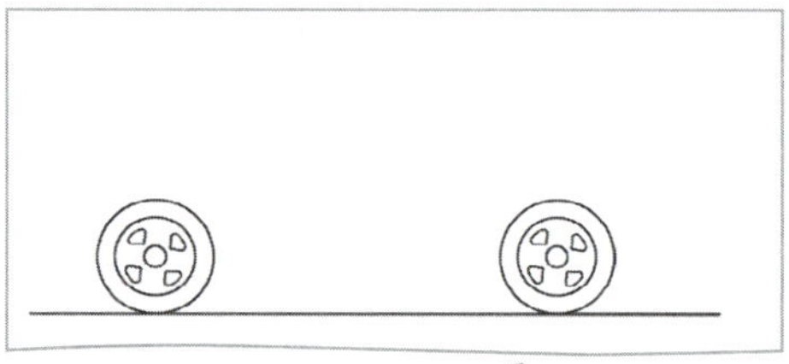

☐

☐

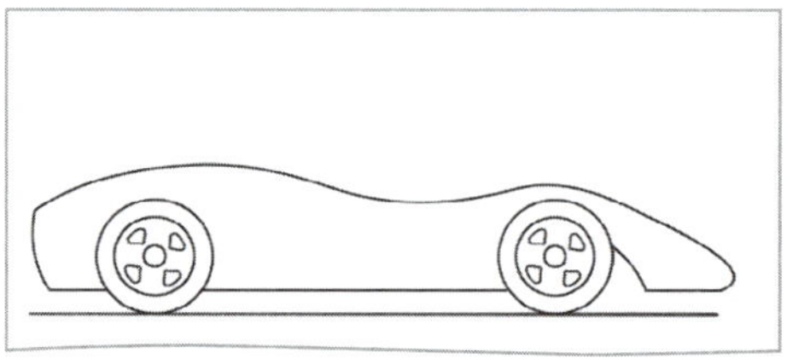

☐

☺ 😐 ☹

Lehrerbereich

5 Zahlen aufsteigend der Größe nach ordnen

6 Reihenfolge bestimmen, Ordnungszahlen notieren

Name: ______ Datum: ______

Analogie- und Tauschaufgaben

Die Aufgaben waren für mich:

○ 1

12 + 4 = ___
2 + 4 = ___

13 + 4 = ___
_ + _ = ___

5 + 14 = ___
_ + _ = ___

6 + 11 = ___
_ + _ = ___

○ 2

6 + 14 = ___
6 + 4 = ___

7 + 11 = ___
_ + _ = ___

○ 3

14 + 3 = ___
3 + _ = ___

15 + 4 = ___
_ + _ = ___

○ 4

2 + 17 = ___
_ + _ = ___

16 + 3 = ___
_ + _ = ___

Lehrerbereich

1 Analogieaufgaben zeichnen und ausrechnen
2 Analogieaufgaben notieren und ausrechnen
3 Tauschaufgaben zeichnen und ausrechnen
4 Tauschaufgaben notieren und ausrechnen

Name: ______________________ Datum: __________

Analogie- und Tauschaufgaben

Die Aufgaben waren für mich:

5
13 + 5 = ___ 14 + 3 = ___
12 + 4 = ___ 17 + 2 = ___
11 + 8 = ___ 15 + 5 = ___

1 + 16 = ___ 3 + 15 = ___
6 + 13 = ___ 5 + 11 = ___
7 + 12 = ___ 2 + 15 = ___

☺ ☹ ☹ □ □ □

6 Rechne Aufgabe und Tauschaufgabe.

4 + 11 = 15 5 + ___ = 19 2 + ___ = 14
11 + ___ = ___ ___ + ___ = ___ ___ + ___ = ___

14 + ___ = 16 13 + ___ = 18 14 + ___ = 19
___ + ___ = ___ ___ + ___ = ___ ___ + ___ = ___

☺ ☹ ☹ □ □ □

7 Rechne Aufgabe und Tauschaufgabe.

11 + 5 = 16 ___ + 4 = 18 ___ + 6 = 18
5 + ___ = ___ ___ + ___ = ___ ___ + ___ = ___

___ + 12 = 17 ___ + 15 = 18 ___ + 16 = 19
___ + ___ = ___ ___ + ___ = ___ ___ + ___ = ___

☺ ☹ ☹ □ □ □

Lehrerbereich

	☺	☹	☹
5 Große Aufgaben ausrechnen	□	□	□
6 Ergänzungsaufgaben und Tauschaufgaben notieren und ausrechnen	□	□	□
7 Ergänzungsaufgaben und Tauschaufgaben notieren und ausrechnen	□	□	□

Name: ____________________ Datum: ________

Analogie- und Umkehraufgaben

Die Aufgaben waren für mich:

○ **1**

18 − 2 = ___
8 − 2 = ___

17 − 4 = ___
___ − ___ = ___

15 − 4 = ___
___ − ___ = ___

18 − 3 = ___
___ − ___ = ___

○ **2**

19 − 4 = ___
9 − 4 = ___

16 − 3 = ___
___ − ___ = ___

○ **3**

16 − 4 = ___
___ + ___ = ___

15 + 3 = ___
___ − ___ = ___

○ **4**

17 − 5 = ___
___ + ___ = ___

12 + 7 = ___
___ − ___ = ___

Lehrerbereich

1 Analogieaufgaben zeichnen und ausrechnen
2 Analogieaufgaben notieren und ausrechnen
3 Umkehraufgaben zeichnen und ausrechnen
4 Umkehraufgaben notieren und ausrechnen

Name: ____________________ Datum: __________

Analogie- und Umkehraufgaben

Die Aufgaben waren für mich: ☺ 😐 ☹

5

13 − 2 = ___ 15 − 4 = ___

17 − 3 = ___ 14 − 2 = ___

14 − ___ = 11 17 − ___ = 12

19 − ___ = 15 15 − ___ = 13

___ − 3 = 16 ___ − 2 = 18

___ − 4 = 12 ___ − 5 = 14

☺ 😐 ☹ □ □ □

6 Finde eigene Umkehraufgaben.

14 − ___ = ___ 15 − ___ = ___ 19 − ___ = ___

___ + ___ = ___ ___ + ___ = ___ ___ + ___ = ___

___ + ___ = 20 ___ + ___ = 18 ___ + ___ = 19

___ − ___ = ___ ___ − ___ = ___ ___ − ___ = ___

☺ 😐 ☹ □ □ □

7

19 − ___ = 17
19 − ___ = 16
19 − ___ = 15
19 − ___ = 14

___ − 8 = 10
___ − 6 = 11
___ − 4 = 12
___ − 2 = 13

☺ 😐 ☹ □ □ □

Lehrerbereich ☺ 😐 ☹

5 Große Subtraktionsaufgaben ausrechnen □ □ □
6 Eigene Umkehraufgaben erfinden und rechnen □ □ □
7 Aufgabenrollen bearbeiten □ □ □

Name: ____________________ Datum: __________

Geld: Cent und Euro

Die Aufgaben waren für mich:

○ **1**

3 €

○ **2**

○ **3** Immer 8 Cent. Kreise ein.

Lehrerbereich

1 Euro-Beträge ermitteln
2 Cent-Beträge ermitteln
3 Immer 8 Cent bündeln

Name: ______________________ Datum: __________

Geld: Cent und Euro

Die Aufgaben waren für mich:

◒ 4 Welche Münzen und Scheine sind es?

5 ct	6 ct	11 €

☺ 😐 ☹

☐ ☐ ☐

● 5 Immer 6 Euro. Du hast:

6 €	6 €	6 €

6 €	6 €

☺ 😐 ☹

☐ ☐ ☐

Lehrerbereich

4 Vorgegebene Beträge mit Münzen und Scheinen notieren ☐ ☐ ☐

5 6 Euro unterschiedlich notieren ☐ ☐ ☐

17

Name: ______________________ Datum: __________

Plusaufgaben üben

Die Aufgaben waren für mich:

○ **1**

6 + 7 =

8 + 4 =

☺ 😐 ☹

○ **2**

9 + 5 =

4 + 7 =

☺ 😐 ☹

○ **3** Rechne Aufgabe und Tauschaufgabe.

8 + 5 = ____
\+ =

9 + 7 = ____
\+ =

6 + 8 = ____
\+ =

7 + 8 = ____
\+ =

☺ 😐 ☹

○ **4** Rechne geschickt.

6 + 4 + 4 = ____

1 + 9 + 5 = ____

7 + 2 + 3 = ____

7 + 5 + 7 = ____

☺ 😐 ☹

Lehrerbereich

1 Additionsaufgaben mit Zehnerübergang lösen
2 Additionsaufgaben mit Zehnerübergang lösen
3 Aufgaben und Tauschaufgaben lösen
4 Rechenvorteile bei drei Summanden nutzen

Name: ______________________ Datum: __________

Plusaufgaben üben

Die Aufgaben waren für mich:

5

5 + 7 = ___ 8 + 6 = ___

6 + 9 = ___ 4 + 8 = ___

7 + 9 = ___ 7 + 6 = ___

6 Bilde Plusaufgaben und löse.

7	5	9

7 + 5 =

7 Rechne geschickt mit der 9.

9 + 8 = ___ 9 + 6 = ___ 9 + 7 = ___

10 + ___ 10 + ___ 10 + ___

8

+		9	
8	13		
6			13

+	2		8
7		11	
			14

Lehrerbereich

5 Additionsaufgaben mit Zehnerübergang lösen

6 Additionsaufgaben bilden und lösen

7 Zehnertrick bei der Addition mit 9 anwenden

8 Tabellen lösen

Name: ____________________ Datum: __________

Minusaufgaben üben

Die Aufgaben waren für mich:

○ **1**

13 − 5 = ____

15 − 8 = ____

○ **2**

12 − 7 = ____

14 − 6 = ____

○ **3** Kontrolliere mit der Umkehraufgabe.

18 − 9 = ____
__ + __ = __

16 − 7 = ____
__ + __ = __

16 − 8 = ____
__ + __ = __

13 − 6 = ____
__ + __ = __

○ **4** Rechne geschickt.

15 − 5 − 4 = ____

11 − 4 − 1 = ____

16 − 6 − 3 = ____

16 − 3 − 8 = ____

Lehrerbereich

1 Subtraktionsaufgaben mit Zehnerübergang lösen
2 Subtraktionsaufgaben mit Zehnerübergang lösen
3 Subtrahieren und mit der Umkehraufgabe kontrollieren
4 Rechenvorteile bei zwei Subtrahenden nutzen

Name: ______________________ Datum: __________

Minusaufgaben üben

Die Aufgaben waren für mich: ☺ 😐 ☹

5 11 − 6 = ___ 14 − 9 = ___
13 − 4 = ___ 12 − 6 = ___
16 − 8 = ___ 11 − 7 = ___

☺ ☐ 😐 ☐ ☹ ☐

6 Bilde Minusaufgaben und löse.

16	12	8	7

16 − 12 =

☺ ☐ 😐 ☐ ☹ ☐

7 Rechne geschickt mit der 9.

16 − 9 = ___ 15 − 9 = ___
16 − 10 + ___ ___

☺ ☐ 😐 ☐ ☹ ☐

8

−	4		
12		9	
11			6

−	7		6
13			
		6	9

☺ ☐ 😐 ☐ ☹ ☐

Lehrerbereich

	☺	😐	☹
5 Subtraktionsaufgaben mit Zehnerübergang lösen	☐	☐	☐
6 Subtraktionsaufgaben bilden und lösen	☐	☐	☐
7 Zehnertrick bei der Subtraktion von 9 anwenden	☐	☐	☐
8 Tabellen lösen	☐	☐	☐

Name: ______________________ Datum: __________

Würfelhausen

Die Aufgaben waren für mich:

○ **1** Wie viele Würfel?

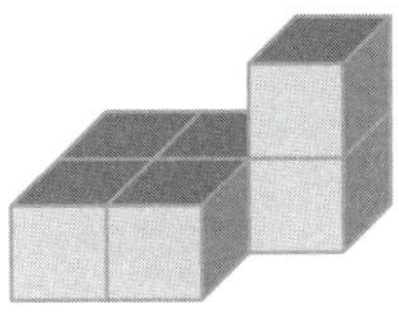

___ Würfel

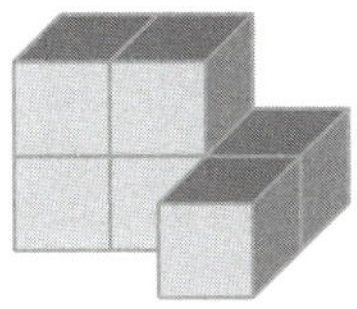

___ Würfel

___ Würfel

☐ ☐ ☐

○ **2** Was passt?

3	2	2

1	3	2

1	1	2

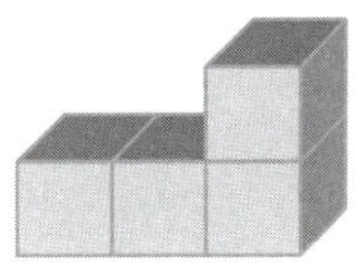

☐ ☐ ☐

○ **3** Schreibe die Baupläne.

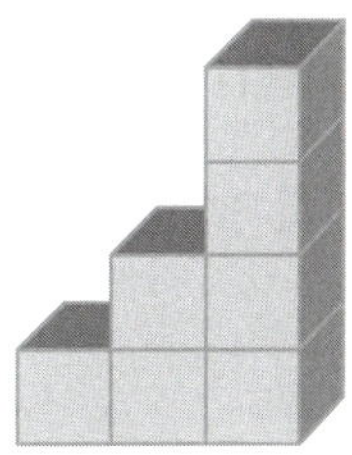

☐ ☐ ☐

Lehrerbereich

1 Anzahl der Würfel im Würfelgebäude bestimmen ☐ ☐ ☐
2 Gebäude und Bauplan zuordnen ☐ ☐ ☐
3 Baupläne zu vorgegebenen Gebäuden schreiben ☐ ☐ ☐

Name: ______________________ Datum: __________

Würfelhausen

Die Aufgaben waren für mich:

4

2	1	2
	1	
	1	

1	2	3
1		
1		

1	2	1
1		1
1	1	1

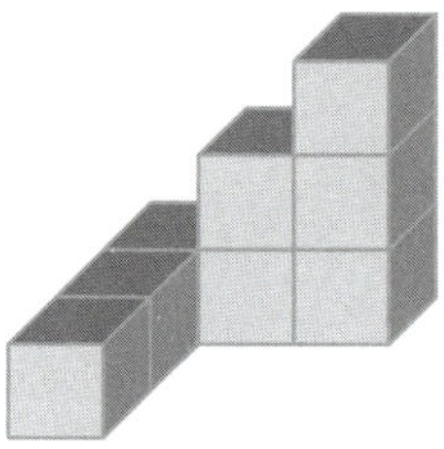

5

1		

6 Schreibe Baupläne für Gebäude mit 5 Würfeln.
Auf jedem Feld steht mindestens 1 Würfel.

Lehrerbereich

4 Gebäude und Bauplan zuordnen
5 Baupläne zu vorgegebenen Gebäuden schreiben
6 Verschiedene Möglichkeiten für Baupläne finden

Name: ______ Datum: ______

Plus- und Minusaufgaben üben

Die Aufgaben waren für mich: ☺ 😐 ☹

○ **1**

Zahlenmauern: 1 5 3 | 4 2 5 | 0 6 3

☺ 😐 ☹

○ **2**

16
9 7

9 + ___ = ___
___ + ___ = ___
___ − ___ = ___
___ − ___ = ___

17
___ ___

8 + 9 = ___
___ + ___ = ___
___ − ___ = ___
___ − ___ = ___

☺ 😐 ☹

○ **3**

6 →(+2) ☐ →(+2) ☐ → ☐ → ☐ → ☐

20 →(−3) ☐ →(−3) ☐ → ☐ → ☐ → ☐

1 →(+3) ☐ →(+3) ☐ → ☐ → ☐ → ☐

☺ 😐 ☹

Lehrerbereich

☺ 😐 ☹

1 Zahlenmauern durch Addition lösen
2 Aufgabenfamilien bilden
3 Zahlenfolgen nach der Regel fortsetzen

Name: ______________________ Datum: __________

Plus- und Minusaufgaben üben

Die Aufgaben waren für mich: 🙂 😐 🙁

4

☐	+2 →	☐	+2 →	7	→	9	→	☐	→	☐
☐	−3 →	☐	−3 →	13	→	10	→	☐	→	☐
☐	+2 →	14	−3 →	11	+2 →	☐	−3 →	☐	→	☐

🙂 😐 🙁 ☐ ☐ ☐

5 Welche Karte bleibt übrig?

2 8 4 6

15 12 18

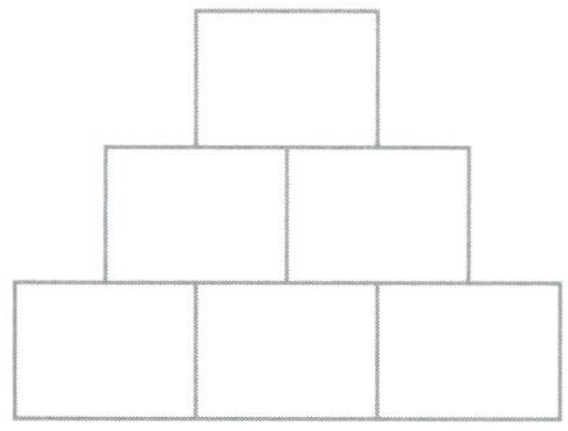

🙂 😐 🙁 ☐ ☐ ☐

6 Bilde Zauberdreiecke. 0 bis 9 sind erlaubt.

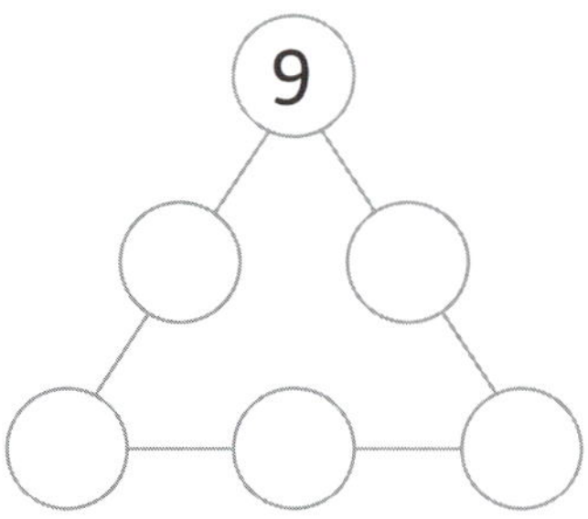

Immer 14.

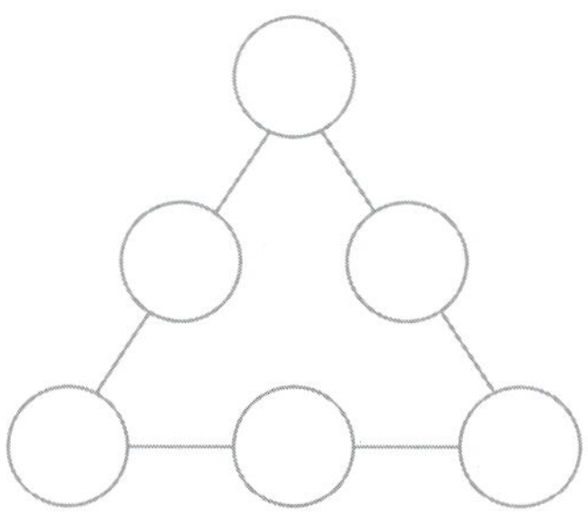

Immer 15.

🙂 😐 🙁 ☐ ☐ ☐

Lehrerbereich

	🙂	😐	🙁
4 Zahlenfolgen in beide Richtungen fortsetzen	☐	☐	☐
5 Zahlenmauer lösen, übrige Karte finden	☐	☐	☐
6 Zauberdreiecke durch Probieren ergänzen	☐	☐	☐

21

Name: ______________________ Datum: __________

Die Uhrzeit

Die Aufgaben waren für mich:

○ **1**

12:00 | 1:00 | 0:00

● 13:00 | 20:00 | 8:00

☺ ☐ 😐 ☐ ☹ ☐

○ **2**

vormittags | nachts

●

mittags | morgens

☺ ☐ 😐 ☐ ☹ ☐

Lehrerbereich

1 Uhrzeiten an analogen und digitalen Uhren ablesen ☐ ☐ ☐

2 Uhrzeiten ablesen, zu Bild und Tageszeit zuordnen ☐ ☐ ☐

Name: ______________________ Datum: __________

Die Uhrzeit

Die Aufgaben waren für mich:

○ 3

____ Uhr

____ Uhr

____ Uhr

____ Uhr

____ Uhr

____ Uhr

◒ 4

3 Uhr

____ Uhr

____ Uhr

16 Uhr

____ Uhr

22 Uhr

◒ 5

abends | vormittags | nachts

12:00 | 01:00 | 07:00

19:00 | 10:00 | 16:00

mittags | morgens | nachmittags

Lehrerbereich

3 Uhrzeiten in analogen Uhren ablesen

4 Uhrzeiten an analogen Uhren eintragen

5 Uhrzeiten ablesen und zur Tageszeit zuordnen

Name: ______________________ Datum: ____________

Sachrechnen

Die Aufgaben waren für mich:

○ **1** Welche Fragen kannst du beantworten? Kreuze an.

- ☐ Wie alt ist Anne?
- ☐ Wie viel kostet ein Teddy?
- ☐ Wie viel kosten 2 Bilder?
- ☐ Wie spät ist es?
- ☐ Wie viel muss Anne bezahlen?
- ☐ Wie viel Geld bekommt Anne zurück?
- ☐ Wann hat Anne Geburtstag?

☺ ☐ 😐 ☐ ☹ ☐

○ **2** Wie viele Beine sind es zusammen? Zeichne Skizzen.

1  3 

Zusammen sind es ____ Beine.

2  2 

Zusammen sind es ____ Beine.

☺ ☐ 😐 ☐ ☹ ☐

Lehrerbereich

		☺	😐	☹
1	Entscheiden, ob Fragen zu beantworten sind	☐	☐	☐
2	Lösungsskizzen zeichnen und Aufgaben lösen	☐	☐	☐

22

Name: ______________________ Datum: __________

Sachrechnen

Die Aufgaben waren für mich:

3 Lea hat 20 €. Sie kauft:

____

Sie bekommt ____ € zurück.

☺ ☹ ☹ ☐ ☐ ☐

4 Löse die Aufgaben und verbinde.
Eine Gleichung bleibt übrig.

Paula hat 7 Bonbons. Sie gibt ihrer kleinen Schwester 3 Bonbons ab und ihrem Bruder 2. Paula hat jetzt noch ____ Bonbons.	Max hat 7 Sticker gesammelt. Seine Tante schenkt ihm noch 3. Sein Onkel schenkt ihm 2. Wie viele hat er jetzt?

7 + 3 − 2 = ____	7 − 3 − 2 = ____	7 + 3 + 2 = ____

Lehrerbereich

3 Restgeld berechnen und notieren
4 Textaufgaben lösen und den Gleichungen zuordnen